CHEMINS ÉCONOMIQUES

A GRANDE VITESSE

ET A LOCOMOTEURS LIBRES

POUVANT REMPLACER LES CHEMINS DE FER.

CHEMINS ÉCONOMIQUES

A GRANDE VITESSE

ET A LOCOMOTEURS LIBRES

POUVANT REMPLACER LES CHEMINS DE FER.

CHEMINS ÉCONOMIQUES

A GRANDE VITESSE

ET A LOCOMOTEURS LIBRES

POUVANT REMPLACER LES CHEMINS DE FER.

La facilité et l'économie des communications sont l'ame du commerce et de l'industrie ; à mesure que les relations commerciales s'étendent, que les progrès industriels se multiplient, les peuples éprouvent le besoin de rapprocher les distances par le perfectionnement des moyens rapides de viabilité.

Nous devons au génie de Fulton l'application de la vapeur aux transports maritimes, et sa découverte, qui a produit de si merveilleux effets, va bientôt changer la face des relations internationales.

Adaptée aux fleuves et aux rivières, elle a imprimé à la navigation intérieure une activité jusqu'alors inconnue. Les canaux eux-mêmes, que leurs dimensions plus étroites et la difficulté des écluses semblaient condamner éternelle ment aux inconvéniens d'un mode de halage coûteux et stationnaire, n'ont plus rien à envier aux cours d'eau naturels depuis que l'invention récente des bateaux rapides, dus aux belles expériences de M. Mac-Neill, est venue les dédommager de l'impossibilité d'y établir la navigation à vapeur.

Ainsi, partout, sur les lignes navigables comme sur mer, pour les choses comme pour les personnes, la viabilité se perfectionne et s'améliore. Il ne reste plus à pousser dans la voie du progrès que les communications par terre dont les chemins de fer ne paraissent pas avoir résolu le problème.

Des chemins de fer et des modes de transport actuels par terre.

Dans les trois quarts de la France et de l'Angleterre, le roulage, les messageries et les canaux sont les seuls moyens de transports possibles. En France, le roulage coûte encore 80 cent. par tonne et par lieue, et les messageries 50 cent. par lieue et par personne. Quant à leur vitesse, malgré les progrès incontestables, elle est loin de répondre à l'impatience et aux besoins de la civilisation. Le roulage fait environ une lieue par heure, les messageries n'en font guère que deux, terme moyen. L'attention publique devait donc naturellement accueillir avec une grande faveur l'innovation des chemins de fer, lorsque les belles expériences des voies américaines et du chemin de Manchester eurent prouvé que ces nouvelles routes pouvaient s'appliquer à d'autres transports qu'à celui des houilles dans les mines du pays de Galles.

Malheureusement, il n'existe aucune analogie entre le système des chemins de fer en Amérique et celui qui semble prévaloir aujourd'hui en Angleterre et en France.

L'établissement des chemins de fer de premier ordre dans certaines localités

5

des États-Unis, comme aux approches des grandes villes, s'élève à 6 et même à 800,000 francs la lieue de 4,000 mètres , mais en moyenne elle ne dépasse pas 260,000 francs (1).

En Angleterre, le chemin de Manchester est revenu à 31,380,000 fr., ce qui établit une moyenne de 2,852,000 fr. environ par lieue.

Entre ces deux systèmes, nous avions à choisir, et peut-être ne devions-nous donner la préférence ni à l'un ni à l'autre, car si nous ne pouvons nous approprier entièrement le mode de construction qui prévaut en Amérique, où les chemins de fer remplissent à peu près les mêmes fonctions que nos routes royales, et doivent par conséquent s'établir avec assez d'économie pour pouvoir se multiplier selon les besoins des circulations locales, nous ne pouvons non plus, nous, imiter le luxe des constructions anglaises, où les capitaux s'enfouissent avec une facilité qui tient uniquement au faible revenu qu'on en retire dans les autres branches d'industrie et dans les exploitations agricoles. La richesse diffère dans les deux pays; la dépense ne saurait donc être la même.

D'ailleurs les chemins à grande vitesse ne sont pas appelés à jouer le même rôle en Angleterre qu'en France et dans le reste de l'Europe.

Les chemins anglais ne s'ouvriront probablement jamais au transport des troupes.

En France, ils doivent se lier intimement au système militaire et à la défense du pays.

L'Angleterre percée de canaux, sillonnée en tous sens de cours d'eau naturels, et entourée d'une navigation maritime qui pourvoit à tous les besoins de ses contrées frontières, peut se dispenser d'employer pour ses marchandises le moyen dispendieux des chemins de fer.

En France, où tant de contrées sont dépourvues de voies navigables et même de communications par terre, les chemins à grande vitesse ont à pourvoir au double besoin du transport des personnes et de l'écoulement des produits du sol et de l'industrie.

De là, la nécessité de procéder dans la création des grandes lignes de chemins de fer avec une prudente économie, ou tout au moins de renoncer au système

(1) Major Poussin, *Journal de l'Industrie et des Capitalistes.*

anglais partout où la dépense cesse d'être en proportion des avantages qu'on peut raisonnablement s'en promettre ; or, c'est précisément l'idée contraire qui s'est accréditée.

La dépense du chemin de fer de Saint-Germain est à peu près la même que pour celui de Greenwich. L'un et l'autre reviendront à quatre millions par lieue environ.

Le chemin de Londres à Birmingham a coûté 1,404,500 francs par lieue. C'est à peu près au même taux qu'il faut évaluer celui du Havre par les plateaux. Et, quant à celui d'Orléans, il est difficile qu'il ne coûte pas davantage encore si l'on persiste dans l'idée malheureuse de le diriger par la vallée de la Juine où il doit rencontrer six à sept lieues de tourbières dans lesquelles il y aura nécessité de fonder en maçonnerie! Mais pour ce dernier chemin, il se présente une circonstance toute particulière. L'acte de concession n'oblige la compagnie qu'à établir deux voies seulement. Or, il est démontré que lors même que les chemins de fer pourraient convenir au transport des marchandises, ce qui est fort douteux, deux voies seraient évidemment insuffisantes pour faire commodément *sans accident* ce service, concurremment avec celui des voyageurs (1). Ainsi, de deux choses l'une : ou l'on renoncera au transport des marchandises moins productif que celui des voyageurs, ce qui serait forfaire aux besoins du pays et aux clauses du contrat de concession, où l'on ajoutera après coup une ou deux voies aux deux premières voies déjà construites, ce qui ne peut manquer d'accroître la dépense dans une proportion considérable.

Ces différentes particularités étaient-elles présentes au bon sens public dans une circonstance récente, qu'il est impossible de ne pas rappeler, comme un exemple de ce que l'opinion peut en France, quand elle s'appuie sur les bases irréfragables de la morale et de la réflexion ? Nous l'ignorons : mais nous prenons le fait tel qu'il s'est produit, et nous en tirons cette conséquence qu'une révolution est sur le point de s'accomplir dans les idées sur les chemins de fer, présage heureux de celle qui se prépare dans l'établissement des moyens de transport à grande vitesse.

(1) *Mémoire sur le chemin de fer d'Orléans*, par Fouinot, inspecteur des ponts-et-chaussées, juin 1838.

Des routes en Béton avec Locomotives libres et Voitures polycycles.

Depuis long-temps la science est à la recherche d'un mode de transport plus économique et susceptible de rendre à peu près les mêmes services que les chemins de fer. Dès l'année 1834, on a vu paraître en Angleterre la voiture locomotive de M. le baron d'Asda, qui a fonctionné avec succès sur les routes anglaises mac-adamisées, et qui, en France, le 5 février 1835, a parcouru dans le parc du roi, à Neuilly, un espace de 1,600 mètres en huit minutes. L'expérience a eu lieu sous les yeux de S. M. dont elle obtint les suffrages éclairés.

Elle s'est renouvelée depuis, le 13 février suivant, sur la route de Versailles, où elle a parcouru la côte de Sèvres avec une vitesse de cinq lieues à l'heure, et les 14 et 15 mars derniers en présence de MM. Tremery et Delamotte, ingénieurs des mines, désignés par le gouvernement, lesquels ont constaté de leurs propres yeux 1° la vitesse constante de six lieues et demie déployée par la voiture; 2° le double passage de la côte du Pecq à Saint-Germain, qui a été franchi en quatre minutes à la remonte et en cinq minutes et demie à la descente.

Ces tentatives, du reste, ne sont pas nouvelles. Le premier essai d'une voiture à vapeur sur les routes ordinaires a été fait en 1802 par Trevetick. En 1831, l'ingénieur Guerney remorqua 36 voyageurs et leurs bagages sur la route de Glocester à Cheltenham. De 1831 jusqu'en 1831, de nouvelles expériences eurent lieu à Londres par les voitures de MM. Church, Ogle, Macerone et d'Asda. Mais il existe une différence notable entre le système de ce dernier et celui de ses prédécesseurs.

Quoique les locomotives qui ont été construites jusqu'ici, présentent toutes la réunion du moteur et de la voiture, de telle sorte que l'un et l'autre ne font qu'un seul et même corps, les hommes de l'art ont toujours contesté la possibilité d'établir sur ce modèle un système de transport usuel. On a voulu prouver d'abord, sans doute, qu'il n'était pas impossible de diriger des locomotives à vapeur sur les routes ordinaires, et cette preuve a été donnée. Mais il est évident que la commodité des voyageurs demande que l'appareil soit isolé de la voiture, à peu près comme il l'est sur les chemins de fer. Nous disons leur *commodité* et non leur *sûreté*, attendu qu'au moyen de la chaudière tubulaire adaptée à l'ancien locomoteur d'Asda, aucune explosion n'est à craindre, et qu'il ne peut y avoir d'autre inconvénient à la jonction de la voiture et de l'appareil que celui qui résulterait d'une température élevée, dont il serait impossible de garantir complètement les voyageurs.

En outre, il a été facile de reconnaître qu'une des grandes difficultés que rencontre le service des moteurs à vapeur sur nos routes, provient des surfaces qu'ils ont à parcourir. En effet, le cahotement occasionné par la nature fde notre pavage est une cause de destruction permanente, dont les appareils ne peuvent triompher long-temps. Cette cause a moins d'intensité sur les routes à la Mac-Adam ; mais elles présentent encore trop de tirage pour permettre un service économique et régulier. D'ailleurs, il paraît dangereux de laisser circuler simultanément sur les mêmes voies, surtout lorsqu'elles sont aussi fréquentées que les nôtres, des voitures à vapeur et des voitures traînées par des chevaux, sans compter les piétons et les bestiaux qui s'y rencontrent. Ainsi, la première question qu'on avait à se proposer avant de s'occuper sérieusement à organiser le nouveau système de locomotives libres, c'était l'établissement d'un mode de route spéciale, mais économique, sur lequel elles pussent déployer librement toute leur puissance. Or, cette question a été résolue par les nouvelles voies en Béton dont M. Thomassin, capitaine d'artillerie, est l'inventeur.

Ne pouvant entrer dans tous les détails du système de M. Thomassin, nous sommes obligés de renvoyer à l'exposé qu'il en fait lui-même (1). Nous dirons seulement que l'épreuve qui a été faite à Strasbourg ne laisse plus aucun doute sur les qualités du Béton perfectionné par ses procédés. Il est incompressible et imperméable ; il résiste au froid le plus intense et n'éclate jamais dans les plus fortes gelées. Son poli égale celui de la pierre granitique, et sa nature est tellement compacte que l'action continue des plus lourds fardeaux ne saurait l'entamer. Posé sur un remblai solide, il présente à l'enfoncement une résistance vingt fois plus grande que celle des rails en fer sur les dés qui les supportent.

Le système des locomotives à vapeur libres sur les routes en Béton, se complète par les trains articulés ou voitures polycycles appartenant à M. Lelieurre de L'Aubépin, et dont le privilége nous est assuré par un brevet. Tout Paris a été témoin des expériences auxquelles ces nouvelles voitures ont été soumises. Les rapports qui en ont été faits par MM. Mallet et Favier, inspecteurs généraux

(1) *Communications faciles et économiques*, par Thomassin, capitaine d'artillerie, etc. Strasbourg, 1836.

des ponts et chaussées, Tremery, inspecteur en chef des mines, Jollois, inspecteur en chef du département de la Seine, et Rouhaut, architecte du département, constatent d'ailleurs les faits suivans :

Absence de secousses sensibles à la traversée des cassis et à la rencontre d'inégalités visibles dans la surface de la voie, *résultat qui doit entraîner avec lui*, ce sont les termes des rapports, une grande *diminution dans le tirage* ;

Facilité extrême dans les évolutions des voitures attelées à la suite les unes des autres ;

Sécurité absolue en cas de rupture d'une roue.

A quoi le rapport de MM. Tremery et Jollois ajoute, comme preuves acquises *de visu* par les rapporteurs eux-mêmes, qu'un convoi de quatre voitures chargées de cinquante-sept personnes, et traîné par trois chevaux seulement, a parcouru les boulevarts de la capitale ainsi que les rues les plus étroites et les plus ordinairement encombrées; qu'en portant à 15,ooo livres le poids réparti sur les quatre voitures, la charge de chaque cheval se trouvait être de 5,ooo, ce qui est bien au-delà de la charge fixée pour les voitures ordinaires ; que le convoi, après avoir tourné à angle droit pour sortir par le guichet du Louvre, y est rentré ensuite faisant ainsi une évolution complète autour du premier pilier : et qu'enfin après que l'on eut retiré d'une des voitures une, deux et jusqu'à trois roues, le wagon sur lequel on exerçait cette épreuve n'en a pas moins continué de fonctionner sans pencher d'aucun côté, quoique *chargé de voyageurs.*

Nous croyons superflu d'insister sur de pareils faits, officiellement attestés par des hommes recommandables, et qui se sont accomplis en présence de la population parisienne.

En résumé : locomotive à chaudière tubulaire propre à fonctionner en toute liberté et à franchir les pentes les plus rapides; trains articulés à six roues, portant une charge plus également répartie que sur les wagons ordinaires et capables de suivre avec facilité les mouvemens de la machine dans les angles les plus aigus et sur les inclinaisons de terrain les plus prononcées; routes en Béton perfectionné, susceptibles d'admettre nos convois et de résister à l'action combinée de leur vitesse et de leur charge : tel est le système complet de transports rapides que nous offrons aux besoins du commerce et à l'industrie.

Comparaison du nouveau système avec les chemins de fer. — Conclusion,

Un des avantages du nouveau système est d'échapper à l'incertitude des frais d'établissement si funeste aux entreprises de chemins de fer. Là, point ou presque point de travaux de terrassemens : les transports admettant des pentes très prononcées, nous n'aurons à niveler que rarement, et seulement dans les proportions nécessaires pour imprimer au service des voyageurs tout le degré de vitesse qu'il peut réclamer. Travaux d'art peu coûteux : ils se borneront aux ponts sur les routes de long parcours, aux magasins et aux ateliers pour la réparation des machines. Acquisitions beaucoup moins dispendieuses que pour les chemins de fer : les convois n'étant plus fixés sur des rails, et la locomotion pouvant s'approprier aux courbes que décrivent les routes actuelles, nous éviterons aisément de morceler des propriétés de prix, ce qui diminuera sensiblement la dépense des terrains. Quant à l'achat du matériel et aux frais d'entretien, ils peuvent être calculés approximativement d'une manière sûre ; ce sont des élémens connus, et sur lesquels n'influeront plus l'usure et le remplacement si dispendieux des rails, qui sont une des dépenses les plus fréquentes et les plus notables de l'entretien des chemins de fer.

En somme, nous estimons que les frais d'établissement peuvent revenir sur les routes en Béton, matériel compris, à un maximum de 200,000 francs par lieue.

A ce compte, les cinq grandes lignes qui forment un des principaux besoins de la France commerciale et militaire pourraient être établies, par le moyen de notre système, avec une dépense de, savoir :

Route de Paris à Lille	60 lieues	12,000,000 francs.
— à Strasbourg	120 »	24,000,000 »
— à Lyon	120 »	24,000,000 »
— à Marseille	206 »	41,000,000 »
— à Bordeaux	156 »	31,200,000 »
		132,200,000

En supposant que les routes en fer revinssent à un million la lieue (et nous croyons qu'elles ne coûteraient pas moins de 1,500,000 fr.) la même masse de travaux absorberait une somme de 662 millions en minimum.

Or, l'expérience a prouvé que nos voitures pourraient fournir sur les routes pavées une vitesse de six lieues à l'heure, et l'on admettra sans peine qu'elles fourniront au moins sept lieues sur la surface plane des routes en Béton. Ce serait donc pour le faible avantage d'une ou deux lieues au plus par heure qu'on se jetterait dans un surcroît de dépense de 53o millions, en donnant la préfé- rence aux chemins de fer sur notre système.

Çe sont là des chiffres et des faits. Nous nous sommes efforcés de les exposer dans toute leur simplicité. Il nous reste à en administrer la preuve par une ap- plication usuelle et palpable de notre système. Nous espérons en avoir bientôt les moyens.

Baron D'ASDA,

DE L'AUBÉPIN,

Capitaine THOMASSIN.

Imprimerie Lange Lévy et Comp., rue du Croissant, 16.

9 782329 053189